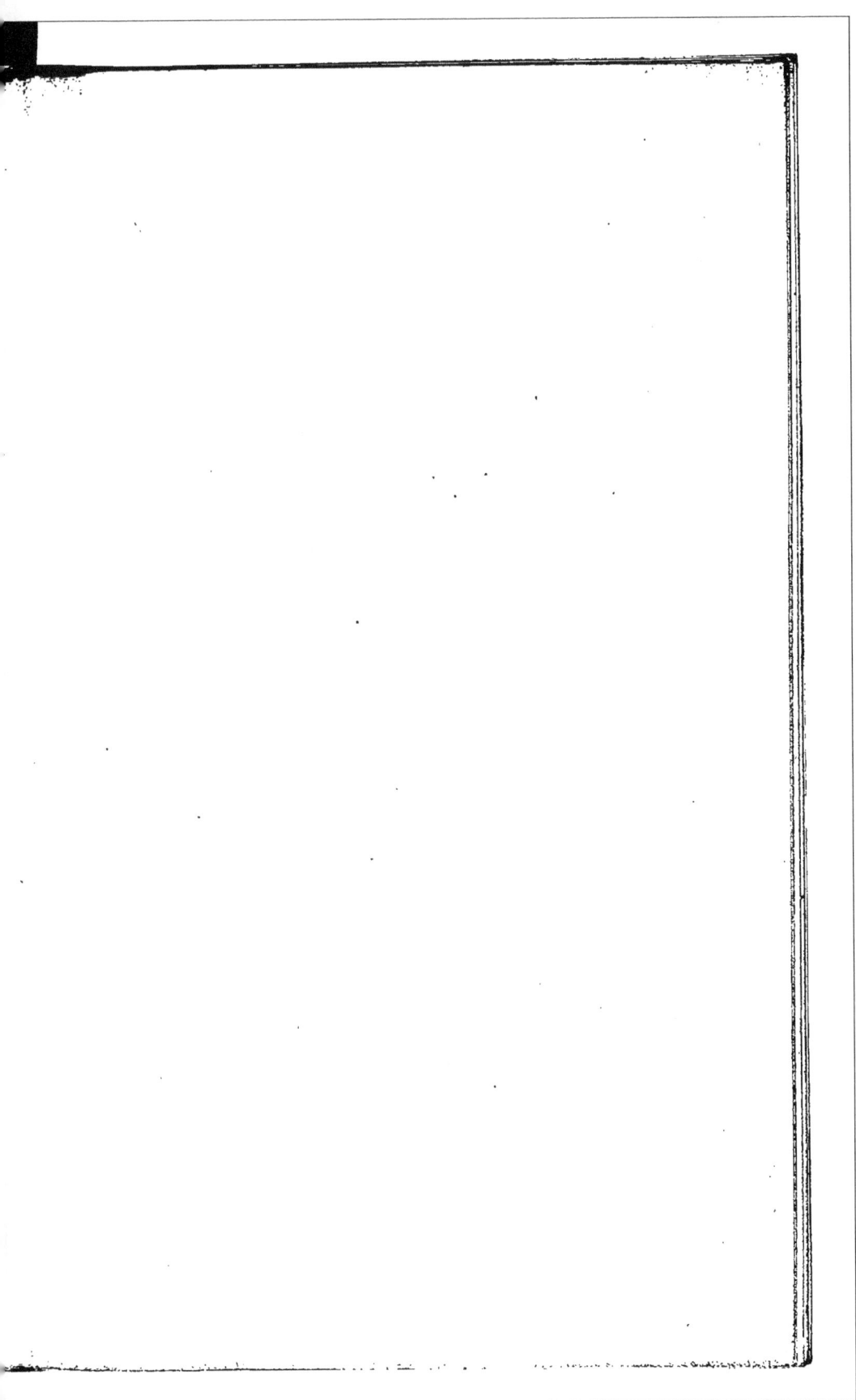

35016

DE LA

SITUATION ACTUELLE

ET

DES BESOINS

DE L'AGRICULTURE

PAR

M. le Touzé de Longuemar,

PROPRIÉTAIRE-CULTIVATEUR

Ancien Capitaine d'État-Major.

.... Non ullus aratro
Dignus honos..............
VIRGILE.

(Inséré dans le Journal de l'Abeille de la Vienne pendant le mois de mai 1848.)

POITIERS

IMPRIMERIE DE HENRI OUDIN

1848

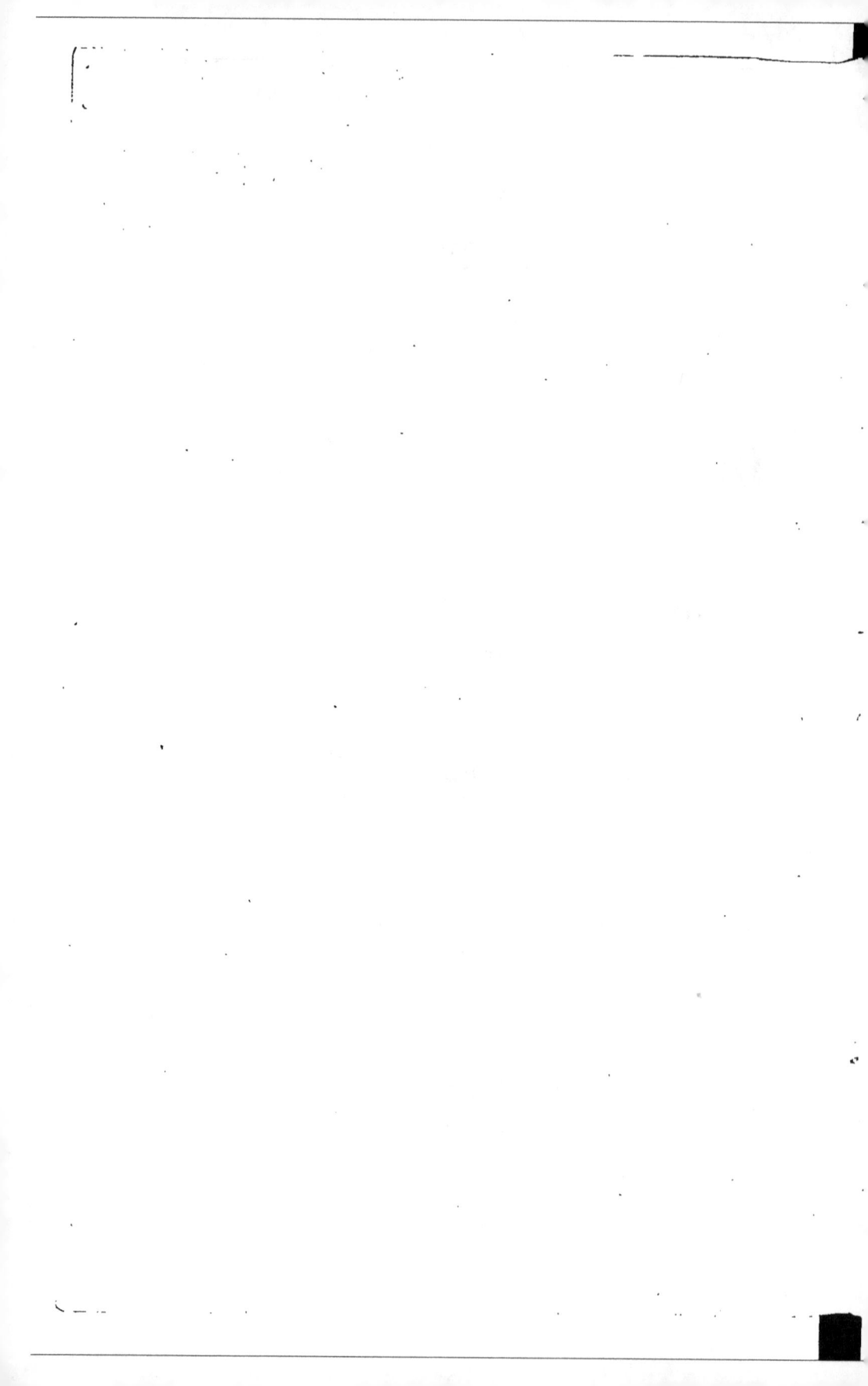

Gémissant et courbé . . . .
. . . . Il songe à son malheur.
Quel plaisir a-t-il eu depuis qu'il est au monde?
En est-il un plus pauvre en la machine ronde?
Point de pain quelquefois et jamais de repos :
Sa femme, ses enfants, les soldats, les impôts,
Le créancier et la corvée,
Lui font d'un malheureux la peinture achevée.

                                        LA FONTAINE.

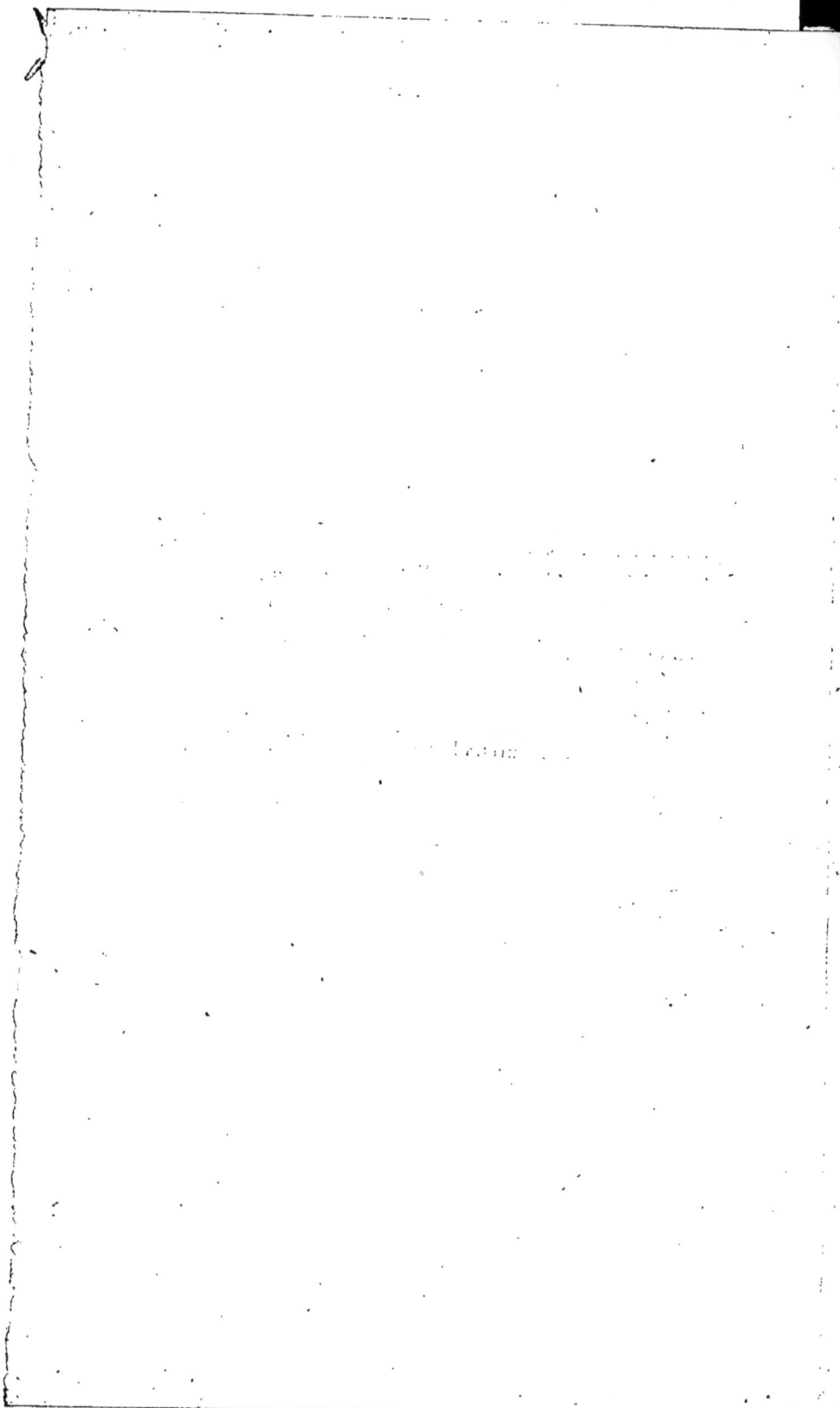

DES BESOINS

DE

L'AGRICULTURE.

Une étude sérieuse du présent et du passé, telle semble devoir être la donnée fondamentale de tout problème social ayant pour but d'arriver à la solution de *l'avenir*, quand ce problème est posé par la bonne foi, en vue du véritable bien-être de l'humanité. Aussi, à l'annonce des systèmes d'organisation qui allaient bientôt surgir de toutes parts pour obvier au malaise de notre société moderne, nous sommes-nous demandé si nos législateurs auraient pénétré assez profondément dans la situation de toutes les industries, avant de se mettre à l'œuvre ; et si l'industrie agricole en particulier aurait fixé assez longtemps leurs regards, assez imprégné leur judiciaire, pour qu'ils ne courussent pas le risque de travailler quelque peu au hasard.

Le doute est permis quand il s'agit d'une situation sociale si différente de celle des villes et des centres manufacturiers ou commerçants, d'une industrie qu'on ne peut apprécier entièrement que par l'usage d'une longue pratique sur le terrain. Le temps et les occasions ont donc pu manquer également à nos *chefs d'école*, et pour approfondir leurs études agricoles, et pour sonder exactement les besoins, les désirs et les aptitudes du cultivateur. Ce n'est pourtant que de cette

1

étude complète que l'on peut espérer de déduire logiquement, utilement surtout, les améliorations immédiatement applicables à la situation actuelle.

Il ne sera donc pas indifférent d'examiner successivement : quel bénéfice le cultivateur a retiré, jusqu'à ce jour, de toutes nos révolutions : si, les discours, les écrits, et même les institutions agricoles, les uns débités et imprimés, les autres fondées à son intention, ont apporté quelque soulagement à ses misères, quelque amélioration à son travail ; quelle est la situation réelle du cultivateur, et s'il est réellement seul responsable de *l'ignorance* et de la *routine*, reproches sous lesquels on l'accable sans cesse : pourquoi enfin nos campagnes se sont dépeuplées au profit des villes, au grand détriment de la culture qui manque de bras.

Ce sera le passé et le présent de l'agriculture.

Cet examen fait, il restera à déduire de ces prémisses les remèdes efficaces et praticables tout à la fois, pour arriver sans secousses, par une pente naturelle, à une situation meilleure, largement accessible à tous les progrès ultérieurs ; et de quelle manière enfin les théories nouvelles sur l'organisation du travail concorderont avec la solution naturelle de toutes les difficultés de la situation.

L'avenir de tous est suspendu à leurs résultats.

Les éléments du grand problème qui a pour solution *le bonheur de l'homme*, ont été posés dès le premier jour de son apparition sur la terre ; il y a tantôt soixante siècles, ou plus, que le génie humain s'est préoccupé de combiner entr'elles toutes les données de son existence pour en déduire cet insaisissable idéal, *le bonheur* : il a toujours échappé à la main qui croyait l'avoir atteint, qui espérait le fixer, tant que le désir qui la faisait mouvoir n'a pas eu pour règle la *modéra-*

tion, seul talisman capable de réaliser quelquefois le fantôme de tant d'imaginations.

Que les hommes, en réclamant leurs *droits individuels* dans la société de leurs semblables, ne cessent pas, sous peine de les annuler eux-mêmes, d'avoir toujours présents à leur pensée et dans leurs cœurs, leurs *devoirs* envers ELLE.

Faire primer les droits par les devoirs, la résignation chrétienne en a donné l'exemple au milieu de toutes les sociétés humaines qui se sont partagé les siècles passés ; c'est le bonheur dans le sacrifice, dont le plus pur reflet brille au cœur de la mère.

Equilibrer les droits et les devoirs, c'est la réalisation des préceptes de l'évangile, c'est l'apogée du bien sur la terre.

Exalter les droits individuels en parlant mollement des devoirs, c'est offrir un appât aux mauvais instincts de l'homme, c'est suspendre sur nos têtes une menace permanente d'anarchie.

Entre ces deux dernières manières d'envisager les hautes questions de morale sociale, le choix ne peut être douteux : mais qu'on ne se hâte pas trop cependant de repousser loin de soi la première : bien des cœurs seront heureux de s'y réfugier pour jouir de quelque calme au milieu de ce cahos de tâtonnements qui va signaler l'ère nouvelle. Ah ! n'oublions jamais que les plus belles, les plus héroïques pages de notre histoire ont été écrites avec les actes de dévouement, avec les hauts faits de ces hommes dont les âmes étaient remplies de ce vieux dicton de l'honneur français : *fais ce que dois, advienne que pourra !*

La classe agricole a-t-elle gagné quelque chose jusqu'à ce jour à toutes les secousses révolutionnaires, qui depuis plus de quarante ans sont venues, à divers intervalles, agiter convulsivement notre état social ? Et dans la négative quelle est la raison du dédaigneux délaissement qui a été son lot sous tous les régimes ?

Les péripéties amenées par la lutte des passions qui ont principalement fermenté au milieu des grands centres de population, en dehors de la sphère d'activité des cultivateurs, semblent en effet s'être accomplies les unes après les autres sans aucune préoccupation de leurs besoins : aussi cette masse d'hommes paisibles, rivée aux rudes travaux de la terre, a-t-elle vu sans s'émouvoir beaucoup tous les changements survenus dans les hautes régions de la politique, dans les systèmes de gouvernements qui sont venus nous régir.

Pareilles à ces tempêtes qui n'agitent que la surface des flots sans remuer les profondeurs de la mer, nos révolutions, aux yeux du cultivateur, n'ont produit jusqu'à ce jour d'autres résultats appréciables que des mutations de noms dans les sommités du pouvoir, dans la magistrature, dans l'armée, dans l'administration, toutes choses dont il n'a guère à s'inquiéter et qui passent sur sa tête sans influer favorablement sur son existence. D'amélioration dans l'état de la famille du laboureur, de l'homme des champs, il n'en a jamais été question que par mégarde et absolument pour mémoire. Aussi son rôle s'est-il toujours borné à s'accouder passivement à la balustrade, pour voir jouer cette éternelle parade, à laquelle on pourrait donner pour titre ce brutal et populaire dicton : *Ote-toi de là que je m'y melte !* Bien souvent encore ce spectacle annoncé *gratis* et gros d'économies à *venir*, a fort dégarni sa pauvre escarcelle si difficile à remplir, sans qu'aucune des belles maximes qu'on lui a prodiguées pour son argent lui ait jamais fourni les moyens de suppléer à ce déficit. Ajoutez à cela qu'on ne lui a guère permis que les *applaudissements* après toutes les pièces jouées sans sa participation et même sans qu'il eût été consulté le moins du monde. A défaut de son enthousiasme approbatif, on le supposait satisfait ; bien souvent même on lui a fait dire qu'il l'était sans qu'il l'eût pensé, et beaucoup de gens ont sérieusement trouvé que cela était bien suffisant.

Quelle est donc la raison de ce dédain qu'on a toujours eu pour ce pauvre *gagne-petit* de cultivateur, qui, pareil à la fourmi, ramasse, grain à grain, la nourriture de toute une nation ? Pourquoi est-il tenu pour si peu dans l'estime des pouvoirs, lui dont le travail nourricier permet à l'insdustrie d'enfanter ses merveilles, au commerce de les répandre dans le monde entier, à la justice de siéger, à l'esprit humain de produire ses chefs-d'œuvre, à l'administration de régler la marche des rouages de notre machine sociale, à l'armée enfin de *tapisser*, au profit de notre gloire nationale, les voûtes des invalides avec les drapeaux conquis?

La raison? j'hésite à la dire, tant il y a de honte pour l'humanité renfermée dans ce mot de l'énigme, et tant ce mot est poignant à prononcer !

La raison, c'est tout simplement que personne ne s'est jamais avisé d'avoir *peur* du cultivateur. Oh ! si, pareil à l'industriel, il eût disposé de nombreux ouvriers réunis dans une vaste usine, au journaliste, à l'orateur dont la faconde peut soulever à point nommé les passions ardentes qui sommeillent toujours au fond

du cœur de l'homme, depuis longtemps on l'eût pris
en sérieuse considération. Mais quoi ! pas le moindre
titre en sa faveur, pas même celui d'émeutier, dont
tant de gens se font un marchepied pour arriver à quelque chose !

Eh bien ! non : toutes ses heures sont acquises à la
terre, à la lutte incessante contre les saisons ; il con-
centre toutes ses facultés à épier le moment favorable
pour forcer le sol à nous donner ses richesses, à nourrir toute la société : il ne lui reste jamais un seul instant pour élever des barricades, pour ébaucher la moindre révolution, au profit des habiles de tous les temps.

Une ère nouvelle vient de se lever cette fois pour
tous. Espérons que ses bienfaits, promis aux travailleurs, n'oublieront pas d'aller chercher aussi le cultivateur auquel le temps a toujours manqué pour aller
demander sa part dans de semblables distributions.
Nul mieux que lui, si l'utilité est primée, n'a de droits
à une large place dans le nouvel édifice social, nul n'a
droit à plus de considération, à une protection plus spé-
ciale des institutions promises.

Aurais-je été frappé d'aveuglement, ou pourrait-on
m'accuser d'ingratitude, dans l'exposé sommaire de
notre bilan du passé ? Et peut-être m'objectera-t-on
tout ce qu'on a écrit ou tenté en faveur de l'agriculture.

Personne assurément n'est disposé à nier que les
besoins de l'agriculture n'aient défrayé de nombreux
mémoires, fourni le texte inépuisable de pompeuses
harangues à l'adresse des électeurs campagnards.

Je conviens en particulier, que réunies en un seul lieu, toutes ces polémiques formeraient un monceau fort respectable. Mais tout cela a-t-il porté quelques fruits ? Voilà la question. Si quelqu'observateur assez simple pour aller au fond des choses avant d'asseoir son jugement, avait voulu s'assurer par ses yeux et sur les lieux, du bien produit par les feuilles volantes de cette encyclopédie d'opinions bigarrées, à quel désappointement n'eût-il pas été en butte !

Si pour s'expliquer un pareil désaccord entre les théories développées et les applications de la pratique, il s'était avisé d'interroger un cultivateur un peu éloigné des villes, sur un point du sol à son choix, dans toute la France, son étonnement n'eût fait que redoubler. Il faut le dire, tous ces écrits ont passé comme des nuages fugitifs au dessus de la tête des cultivateurs qui ne les ont même pas remarqués dans leur vol rapide.

A qui la faute ? Est-ce aux cultivateurs ? Est-ce aux auteurs de ces écrits ? Et *qui a-t-on trompé* dans tout ceci ?

On a trompé les académies les plus spirituelles du monde qui couronnent des Dithyrambes à la blonde Cérès, à Palémon, aux Hamadryades, fort agréables, sans doute, à tout l'olympe bucolique, mais parfaitement inutiles et dès lors indifférents pour les cultivateurs ; on a trompé des colléges électoraux, capté leurs suffrages par l'affectation d'un zèle outré pour les intérêts agricoles, et puis, le tour une fois joué, on s'est hâté de mettre en oubli les bases à l'aide desquelles on avait échafaudé son élection.

Veut-on juger par quelques exemples si parmi les sujets les plus en faveur des réclames agricoles, il en est de l'utilité desquels on se soit réellement beaucoup préoccupé quant à leur application générale ? Qu'on choisisse au hasard :

Les défrichements des landes et des bruyères ;
Les irrigations ;
Les engrais artificiels et les *terreaux ;*
Le perfectionnement des *instruments agricoles ;*
Que sais-je encore? *L'impôt sur le sel!*

On ne se plaindra pas que ce soit là des textes auxquels les développements aient manqué. Mais savez-vous bien ce que les cultivateurs éclairés ont pu répondre à cette exhibition de détails qui font la grosse voix pour accaparer la place qu'on devrait réserver aux questions fondamentales ? — Il y a dans tout cela des choses *vraies* et des choses *nouvelles* : les choses *vraies* ne sont pas *nouvelles* pour nous, et les choses nouvelles ne sont pas applicables à la masse de la culture, dont il importerait sûrement de se préoccuper avant tout.

Examinons-les cependant :

« La population nous étouffe, s'est-on écrié ! il faut
» *défricher les landes et les bruyères :* il existe encore
» en France une partie considérable du sol, le quart,
» le tiers peut-être, tout à fait improductive, perdue
» pour la culture : les défrichements en tireraient le
» plus grand parti. »

Cela est fort aisé à dire ; mais quel dommage que cela ne soit pas aussi aisé à faire !

Si l'on avait tout bonnement commencé par le commencement avant de mettre cette doctrine en avant, c'est-à-dire si l'on avait pris la peine de consulter le premier cultivateur venu, sans même choisir parmi les plus éclairés, il eût à l'instant même fourni de précieux renseignements sur les résultats de ces belles entreprises si souvent couronnées... par des déceptions.

Et d'abord il existe des landes et des bruyères, qui par la nature même de leur sol et leur situation élevée, se refuseront toujours à payer les frais de leur culture.

Belle objection , dira-t-on ! On choisira les meilleurs sols , les autres seront reboisés.

A votre aise pour ce dernier travail promis depuis si longtemps et auquel paraît réservée la tâche de mieux équilibrer nos saisons fourvoyées , cela ne regarde plus le cultivateur : à moins toutefois qu'on ne vienne sous une forme ou l'autre lui emprunter son argent pour cette opération , auquel cas il témoignera le désir bien naturel d'avoir une hypothèque plus prochaine que le produit des semis et des plantations pour lui garantir le paiement de ses intérêts.

Il est donc entendu que vous choisirez pour vos défrichements les sols les meilleurs parmi les incultes ; voilà qui est bien ! — Vous savez sans doute combien d'argent , de soins , de façons de labourage , de temps de travail , de marnage , etc., etc., coûtent les débuts de ces sortes de culture ? Vous n'ignorez pas qu'il faut plus d'une année pour ameublir , aérer , et mûrir des terres primitives ; qu'elles ne peuvent être convenablement converties en prairies artificielles qu'après quatre et cinq années de productions de céréales ; que toutes même n'y seront pas propres ; vous savez qu'il faudra d'abord construire de vastes bâtiments pour les hommes , les bestiaux , les récoltes ; qu'il faudra, pendant les premières années , et en attendant les produits, solder la nourriture des hommes et des bestiaux; acquérir un fonds de cheptel mort et sur pied très considérable ; réserver un fonds de roulement assez important pour faire face aux premiers besoins , dont les plus lourds seront les mains-d'œuvre courantes, et surtout pour parer aux mécomptes qui ne vous feront pas faute , je vous l'assure.

Non , tenez , il faut être cultivateur pour savoir bien

le fond de tout cela, il faut en avoir essayé, et la plupart des promoteurs de ces mesures n'en sont guère qu'aux *on dit* sur un pareil sujet. Où trouverez-vous des capitaux assez bénévoles pour se risquer dans ces fondrières inconnues avec la perspective de disparaître au bout de quelques années sans laisser de traces ? Fera-t-on ces désastreuses expériences sur beaucoup de points à la fois ?

L'imagination recule effrayée devant le chiffre auquel monterait le budget de ces multiples folies.

— « Mais n'est-ce point ainsi que la surface agricole » de la France s'est accrue pour arriver à remplacer » par des champs de céréales les bruyères et les genêts » de la vieille Gaule. »

— Nenni, s'il vous plaît ! On a choisi les oasis les plus fertiles, les mieux arrosées, et puis à partir de ces centres facilement productifs on a rayonné tout autour, étayant, comme le voulait le bon sens, le défrichement d'une terre nouvelle, des productions d'une terre déjà acquise à la culture.

Agir autrement, quand les terres actuellement incultes sont généralement les plus ingrates et les plus rebelles, ce serait se fourvoyer grossièrement. Demandez à ceux qui les premiers ont attaqué un défrichement, si le succès a toujours couronné leurs efforts ? Ceux qui les ont remplacés avec de nouvelles forces et de nouveaux capitaux, ont seuls réussi quand leurs prédécesseurs avaient déjà épuisé toutes leurs ressources pour ébaucher le travail.

Ah ! croyez un peu le cultivateur quand il vous crie, avec la conviction de l'expérience : le sol défriché ne manque pas encore à la culture, c'est bien plutôt la bonne culture qui lui fait défaut. C'est donc à la lui donner qu'il est urgent de s'appliquer et non à dissé-

miner notre argent, nos forces, notre intelligence,
dont les cultures actuelles réclament à grands cris la
concentration autour d'elles.

Citerons-nous les *irrigations*. — Combien de fois
ce texte n'a-t-il pas défrayé les brochures et les discours!
Et dans quel but? Serait-ce pour apprendre aux habitants favorisés des vallées, ce qu'ils font si bien depuis
longtemps? Et ce limon, et ces éboulements qui les
enrichissent depuis la création, n'ont-ils pas aussi leur
petite part dans les succès de leur luxuriante végé-
tation? Pourquoi d'ailleurs donner tant de place à des
exceptions qui sont à peine visibles sur la carte agricole de notre France au milieu des vastes plaines, des
larges plateaux que la charrue a conquis à la culture
et que n'arrose pas le moindre filet d'eau ? Autre
question à retirer de la réclame pour la laisser débattre
aux cultivateurs et aux comices intelligents, quand
on la voudra voir traitée convenablement.

Citerons-nous ces *engrais artificiels et ces terreaux*
tant vantés, qui devaient révolutionner l'agriculture ?
Tenez-vous d'abord pour dit que les fraudes de l'in-
dustrialisme ont démonétisé les premiers parmi les
cultivateurs ; que d'ailleurs leur transport au-delà d'un
rayon assez restreint autour des villes devient fort
onéreux. Ce défaut capital empêche également le
fermier d'avoir recours au mélange des terres; car
charroyer des terreaux, des levées de fossés, etc., au
milieu de ses champs, c'est tuer ses attelages, dété-
riorer et détruire même promptement ses harnais et
ses voitures; tout cela demande beaucoup de temps
et d'argent. L'argent et le temps ! c'est précisément là
ce qui manque toujours au cultivateur. Abandonnez-
nous encore celle-là nous la savons à fond.

Les instruments aratoires ! Ah ! voilà la cheville

ouvrière du métier. Que ne nous a-t-on pas prôné dans ce genre comme le dernier mot de la science mécanique ? Encore un peu et on aurait voulu nous persuader qu'il n'y aurait plus qu'à dire à certaines charrues, *marchez*, pour qu'elles se missent à la besogne, sans que l'intelligence du laboureur eût à s'en préoccuper le moins du monde. Le cultivateur vous dira, lui, en deux mots, ce qui lui est nécessaire en fait d'instruments de travail : il n'en demande qu'un petit nombre, et les veut simples et puissants.

Peu nombreux et simples, parce que cela répond mieux à son peu de ressources pour réparer ou changer ; puissants, afin qu'ils accomplissent la rude tâche à laquelle ils sont destinés.

Tenez (puisque nous en causons), nous avons à peu près ce qu'il nous faut, je vous l'assure, et s'il reste quelque chose à faire, c'est de répandre davantage les instruments que les cultivateurs éclairés ont consacrés par une adoption unanime.

De grâce surtout, ne nous envoyez pas trop de machines à vapeur pour cultiver nos champs ; *foin* de ces volcans, de ces mines toujours chargées qui vous éclatent au nez à la plus petite distraction. Et nous qui sommes un peu rêveurs par notre nature ! Riez tant qu'il vous plaira de ma simplicité ; mais j'aime mieux voir cet homme aiguillonner paisiblement son attelage en sifflotant une ronde, le caressant, l'animant de la voix, s'affectionnant à ses animaux qui lui rendent en travail l'usure de ses bons soins, que d'avoir en perspective une noire machine avec son esclave, noirci par la fumée du charbon, rivé aux manivelles, aux freins, et l'œil invariablement fixé aux soupapes *sous peine de mort !*

Que voulez-vous, il me semble à moi que ce laboureur humain pour ses compagnons de travail, (il l'est généralement) est bien plus près que l'autre d'avoir le cœur ouvert aux bonnes émotions de l'amitié et de la famille. Peut-être même sera-t-il moins en proie aux fumées de l'ambition, et s'avisera-t-il de penser que sa paisible existence, que la modération de ses désirs, sont après tout ce que ses enfants auront de mieux à souhaiter pour voir leurs jours s'écouler paisiblement.

L'impôt du sel ! N'a-t-il pas semblé, à entendre les adversaires de cet impôt, que l'agriculture allait pouvoir doubler ses produits quand on aurait tari cette source de revenu public ! Qu'on l'ait supprimé, parce que le malheureux en fait un objet de première nécessité rien de mieux, de plus humain ; mais qu'à l'occasion des quelques poignées de sel que la ferme administre aux bestiaux, ou ajoute peut-être à la confection de quelque engrais, on ait frappé sur le gong ou la grosse caisse, en déclarant l'agriculture sauvée ! il faut vraiment d'autres mesures que celle-là pour toucher le but.

En descendant des régions de la théorie et de l'hypothèse, si nous mettons le pied sur le terrain de la pratique, aurons-nous du moins à nous louer des applications réelles tentées en faveur de l'agriculture ? Nous verrons bientôt.

Des *fermes-modèles*, des *comices et sociétés agricoles*, des *concours publics* et leurs couronnes, tels sont les *faits* que nous allons passer en revue.

Nos *fermes-modèles* ont plusieurs défauts capitaux. Elles sont trop peu nombreuses en France pour que nos cultivateurs puissent s'inspirer de leurs travaux ; établies à trop grands frais, elles ne peuvent offrir un exemple acceptable à l'imitation ; le recrutement de leur personnel, enfin, n'est pas toujours d'accord avec les exigences de la morale publique.

2

Que l'on décore tant qu'on voudra du nom *d'enfants de la patrie* les fruits des unions illégitimes, ou ceux de la prostitution, en s'écriant qu'ils ne peuvent porter la peine de leur origine, parce que cette origine même est un des crimes de notre état social (puisqu'il est reçu que la société est aujourd'hui seule coupable des méfaits individuels de ses membres); qu'on leur assure les moyens d'existence et de réhabilitation, le cœur y applaudira avec énergie; mais tant que la sainteté du mariage sera la base de notre morale sociale, de nos institutions, mettez quelque différence entre les enfants de cette famille qui accomplit tous ses devoirs envers la société en n'éludant aucune des charges imposées par la nature et les lois, et les enfants du vice, de la débauche ou de la séduction.

Donnons, avez-vous dit, du travail productif à la fille de l'ouvrier, et la fille de l'ouvrier ne se prostituera pas pour trouver des moyens d'existence! Est-ce bien sérieusement qu'on parle toujours de l'exception, et croit-on s'adresser à des hommes de sens, en citant quelques faits regrettables pour masquer les causes réelles du mal? Oui, donnez du travail (il y a même longtemps que cela a lieu, à votre insu apparemment), rétribuez suffisamment, mais vous n'empêcherez jamais la paresse, la vanité, la coquetterie, les excitations trop vives de quelques natures, d'entraîner à mal une foule de malheureuses filles, et de peupler surabondamment les tours de vos hospices.

N'est-ce point un déni de justice à la famille du cultivateur, que de peupler exclusivement les établissements agricoles d'enfants trouvés et de jeunes condamnés? N'est-ce pas, en allant au fond des choses, comme si on écrivait cette maxime au frontispice de ces monuments publics:

« La société n'est obligée à donner gratuitement l'é-
» ducation et les moyens d'existence qu'aux enfants
» révoltés contre ses lois, et à ceux issus de parents
» qui ont outragé la morale publique, et foulé aux pieds
» les sentiments naturels dont les bêtes elles-mêmes
» ont l'instinct. »

Il est dans l'essence d'une nation civilisée et chrétienne de se charger de ces infortunés sans aucun
doute; l'intérêt de la société réclame cette mesure à
l'égal de la commisération du cœur, mais ce que le bon
sens public réclame également, c'est qu'on apporte
un ordre logique dans le bien.

N'apercevons-nous plus sur l'autre rive de la Mé-
diterranée une autre France, neuve de tout passé
français, qui semble réclamer de nous une partie de
la population de la mère patrie? Appellera-t-on cruauté
la pensée d'y établir des colonies agricoles, des ateliers de toute nature, ports de refuge et de salut pour
toutes ces existences déclassées? Ce ne sera point pour
elles un exil au même titre que pour d'autres, car elles
ne laisseront derrière elles, ni mère qui les ait bercées,
ni père dont elles aient jamais pu invoquer la protection. Vous leur rendrez ainsi toute leur indépendance morale, en les groupant avec leurs pareils, vous
en ferez des hommes tout différents de ce qu'ils sont au
milieu de notre société. Car vous aurez beau vouloir
établir une lutte avec les mœurs publiques, en donnant cours à des maximes nouvelles, vous n'empêcherez
jamais que ces exceptions sociales ne soient tour-
mentées par des répulsions; que leur amour propre
n'éprouve de continuels froissements; que leur
caractère n'en contracte de l'aigreur; delà à se vicier,
à se révolter à tout propos, la pente est glissante, et
le danger pour la société est continuel. Cette Algérie

n'est-elle pas une magnifique annexe à la France, et toute colonie n'a-t-elle pas été considérée comme un débouché pour les forces et les produits d'une nation ? Que n'en usez-vous ! N'arrivera-t-il pas un jour que le sol de notre France, après avoir donné son dernier mot en fait de production, ne pourra plus nourrir son excédant de population à venir ; ne sera-t-on pas obligé alors de songer à quelque émigration lointaine ? Pourquoi ne pas chercher à éloigner ce moment pour la population légitime, en faisant évacuer à l'avance toutes les superfétations ? Ce droit serait-il dénié ?

La *ferme-modèle* est sans contredit un élément précieux, efficace, d'amélioration pour l'agriculture, bien que, par les raisons exposées ci-dessus, son influence soit restée tout à fait nulle jusqu'à ce jour sur les progrès de la culture générale : c'est donc à l'établir sur d'autres bases, à la multiplier en France, qu'une intelligente réorganisation doit s'appliquer actuellement.

L'institution des *comices* et des *sociétés agricoles*, conçue dans un esprit de progrès, devait être féconde en bons résultats, et cependant son action sur les cultivateurs est demeurée, il faut bien le dire, à peu près insignifiante.

C'est que pareille à la plupart des œuvres humaines, bonnes dans leur essence, elle a été faussée dans sa constitution et dans ses applications.

Comment un comice, une société fondée pour veiller aux intérêts de la culture, pour encourager ses efforts, pour apporter remède à ses souffrances, pour lui indiquer l'usage des meilleurs procédés, devrait-elle être composée ?

De cultivateurs éclairés, répondra tout homme de bon sens.

Malheureusement les cultivateurs éclairés n'y ont

pas toujours voix au chapitre, et soit timidité à se produire, soit défaut de loisirs, le véritable intéressé ne
se risque guère dans ces tournois de la parole, ou
s'il a osé s'y aventurer, il n'a pas tardé non plus à
battre en retraite. Que voulez-vous! ce cultivateur qui
passe sa vie à essayer, à se tromper, mais à recom-
mencer sans cesse avec persévérance tous les genres
de culture, jusqu'à ce qu'il ait atteint le meilleur; lui,
dont l'expérience est le prix de ses forces, de son
temps, de ses ressources prodiguées sans relâche, il
s'était persuadé que citer des faits et réclamer quelque
faveur pour son opinion si chèrement acquise, était
chose toute simple, et que l'histoire de ses succès et
de ses mécomptes offriraient utilement à d'autres des
exemples à suivre ou des écueils à éviter. Mais point
du tout : il a trouvé les avenues des tribunes agricoles
envahies par une foule d'orateurs diserts, fort empres-
sés de débiter leurs aphorismes, sans se soucier de
produire d'autres résultats que celui d'établir leur réputation d'éloquence pour en tirer ensuite le parti *que
de raison*. Tout le monde cherche à se *poser* plutôt
qu'à se rendre utile, cela conduit plus sûrement au
but qu'on se propose.

Donc nos comices, nos sociétés sont plutôt remplies
de magistrats, de membres du barreau, de littérateurs
et d'amateurs de n'importe quelle branche des con-
naissances humaines, la culture exceptée, que de cultivateurs tout à fait sérieux, c'est-à-dire vivant de leur
travail agricole.

Eh! messieurs, si nous allions nous emparer de vos
siéges, de vos chaires, de vos tribunes, usurper vos
fonctions, vous couper la parole pour trancher des
questions étrangères à nos études, à nos habitudes,
n'auriez-vous pas quelque peu raison de nous renvoyer

à *nos moutons ?* Vous en tombez d'accord ! — Appliquez-vous donc aussi le précepte.

Vous avez beau nous crier avec l'accent convaincu d'une aptitude méconnue : *Anch'io son pittore !* Parce que vous possédez des propriétés que vous allez visiter à temps perdu, du samedi soir au lundi matin, ou pendant les vacances, et que vous critiquez éloquemment des travaux auxquels vous n'avez pas présidé! Tenez, messieurs, vous êtes agriculteurs à peu près au même titre qu'un habitant de la ville est jardinier parce qu'il arrose des giroflées ou des œillets dans la caisse qui orne sa fenêtre ; c'est-à-dire pour votre simple agrément et sans avoir jamais pesé dans votre main le terrible argument du prix de revient, ni tenu l'inexorable balance des dépenses et des recettes.

Croyez-m'en, laissez-nous notre besogne à faire, cela ne s'apprend pas en un jour, ni entre les murs d'une ville. Il faut pratiquer toujours pour apprendre chaque jour quelque chose de nouveau dans le livre inépuisable de l'expérience. C'est une étude des plus sérieuses que celle de la culture, il faut pour l'embrasser du dévoûment, de l'abnégation, des sacrifices de toutes sortes, y engager son avenir et celui de sa famille ; vous voyez bien qu'il n'en faut pas parler trop légèrement.

Auriez-vous, en nous abandonnant à nos propres forces, la crainte de voir tomber les rapports et les procès-verbaux en des mains trop barbares ? Rassurez-vous, nous trouverons parmi nous assez d'hommes sensés pour parler au cultivateur en termes faits pour son intelligence et ce sera le principal. Nous gagnerons donc en utilité réelle ce que nous pourrions perdre en fioritures anacréontiques ; les cultivateurs se grouperont autour de nos comices devenus accessibles à leur

bon sens et ces institutions devenues sérieuses porte-
ront tous leurs fruits.

Il ne faut pas s'étonner que les travaux des comices
aient souvent répondu à l'incohérence de leur compo-
sition : si l'on a choisi une époque pour un concours
de labourage, on a parfois saisi le moment de l'année
où la terre est à peu près inattaquable au soc de la
charrue, ou bien encore celui où le laboureur a grande
hâte de pousser ses travaux, et ne peut s'en distraire
pour prendre part à la lutte. Si on a assigné des primes
à quelques instruments aratoires, la récompense a
souvent précédé l'essai; on les a primés *au juger* : aussi
ces instruments sont-ils allés, au sortir du concours et
encore tout parés de rubans et de lauriers, s'endormir
au fond de quelque hangard pour ne plus revoir le jour.

Si on a récompensé les éleveurs de bestiaux, les
primes n'ont pu s'adresser qu'à des exceptions de fortune ou de localité ; le cultivateur ordinaire n'y peut
guère prétendre.

Les comices se sont montrés à la hauteur de leur
mission quand ils sont allés chercher l'homme laborieux
et modeste qui, à force de persévérance, de soins et
d'intelligence, est parvenu à transformer un sol ingrat
en une terre productive. Mais il faut le dire, cela est
rarement arrivé, et ces associations n'ont pas l'organisation qui leur conviendrait pour signaler et encourager les bonnes exploitations. Elles seules pourtant
sont capables de répandre les bonnes méthodes de culture, car *l'exemple*, voilà le seul livre dans lequel les
cultivateurs sachent lire couramment. C'est à lui que
nous devons la rapide propagation des prairies artificielles, cette source de richesses agricoles, qui a
détrôné le triste assolement triennal.

L'exemple ! oui l'exemple est le vrai promoteur de

tous progrès en culture. On ne peut éclairer les groupes
épars de nos cultivateurs, qu'enchaînent toute l'année
leurs pénibles travaux, de la même manière ni aussi
rapidement que les habitants accumulés dans les villes.
Il leur faut, à la portée de leur vue, sous l'inspection
immédiate de leur bon sens, des démonstrations maté-
rielles des faits pour qu'ils les acceptent avec sécurité.
Ils préfèrent épier, surprendre une méthode, une culture pour se l'approprier à la sourdine, que d'écouter
même des conseils auxquels ils auraient l'air de s'être
rendus en les suivant.

Puisque l'homme est ainsi fait, agissons en consé-
quence, qu'importe la méthode pour arriver au bien.

Ne sommes-nous pas amenés à conclure de tout cet
exposé que les besoins de l'agriculture ont presque
toujours été plutôt un prétexte qu'un but, et que les
hommes vraiment sérieux et du métier, se sont vus
trop souvent entravés dans leurs louables intentions
par les parasites qui s'implantent partout, à la plus
grande satisfaction de leur triste vanité.

Qu'il n'en soit plus ainsi, qu'on le prenne enfin au
sérieux ce pauvre cultivateur ; qu'on lui épargne l'exposé de toutes les questions de détail que lui seul peut
bien résoudre ; qu'on lui laisse choisir les défenseurs de
ses intérêts. Ce n'est toutefois pas une raison pour se
jeter dans des réformes incompatibles avec la nature
de ses occupations : il est bien temps qu'on l'étudie à
fond, avant de lui administrer des remèdes empyri-
ques. C'est à cette surveillance que nous devons tous
consacrer notre intelligence et notre dévoûment.

Établissons une bonne fois les titres du cultivateur à
l'estime et à la reconnaissance publiques, et sans mécon-
naître le mérite des autres ouvriers qui travaillent à
quelque titre que ce soit dans le vaste laboratoire social,

ne laissons pas oublier que nos travaux servent de base
à tout l'édifice : c'est à la charrue que les regards doivent forcément se reporter quand ils chercheront le
point de départ et la principale force de cette chaîne
qui relie l'humanité en un seul groupe fraternel autour
de l'inévitable pivot *du travail*.

Parmi les travailleurs, le cultivateur est peut-être
celui dont le cerveau a été le moins troublé par les fumées de l'ambition. Depuis l'origine du monde, il a mon-
tré une affection sincère pour ses pénibles travaux, et
son mérite est d'autant plus grand que toutes ses sueurs
n'aboutissent à grand'peine qu'à élever sa nombreuse
famille, et à la maintenir strictement au dessus du
besoin.

Il subit avec résignation l'injustice de l'opinion publique qui le dédaigne et ne lui tient aucun compte de
rester péniblement courbé sur ses sillons pendant une
grande partie de l'année, de ses luttes persévérantes
contre l'intempérie des saisons, du souci qui l'assiége
sans cesse pour arracher du sol sa nourriture, celle
des siens, celle de ses concitoyens.

Son isolement, sa simplicité, l'absence de tous moyens
de défense lui ont fait accepter le joug de toutes les lois
passées et présentes, si dures qu'elles se soient mon-
trées à son égard, et jamais un murmure encore
moins une menace proférés par sa bouche ne sont
venus troubler la société.

Ce n'est pas lui qui, impatient du joug du mariage,
se fut avisé de rêver cette promiscuité des sexes con-
sacrée par les unions en septième période d'un apôtre
fameux ; oh mon Dieu non ! il s'attache tout simplement
à la compagne de ses joies et de ses peines, et il sourit
de voir leurs marmots pendus à son tablier.

Cette pauvre mère qu'ils accablent de leurs besoins

n'a jamais songé non plus qu'elle pourrait alléger son fardeau en le confiant à d'autres : qu'ils viennent à lui sourire au milieu de leurs bruyantes exigences, et sa fatigue est oubliée, et sa douce joie lui rend chère l'union qui lui a fait cette famille. Elle n'est pas toujours récompensée de ses peines, ses enfants se montrent parfois ingrats : qu'importe, la nature a renfermé au fond de son cœur des trésors de tendresse, elle en est prodigue sans compter avec la reconnaissance. J'espère pour l'honneur de l'humanité qu'on a beaucoup exagéré les vices de la société des grands centres de population, mais à coup-sûr on ne peut comprendre dans le même anathème nos ménages campagnards. Il ne faudrait pas en les jugeant prendre leur écorce un peu rude pour le fidèle miroir de leurs sentiments intimes, car on sait trop bien partout ce qu'il y a de trompeur dans les apparences.

En se reportant du reste aux statistiques, ce budget de la moralité publique, on apprend que les centres industriels fournissent, proportion gardée, une plus large part aux cours d'assises, pour cause de méfaits de toutes sortes, et d'infanticides, et une plus grande quantité d'enfants nés hors du mariage, que les populations agricoles. Ce fait positif n'amène-t-il pas à la pensée que ces dernières ont au moins le mérite d'être les plus fidèles gardiennes de la morale, et faut-il compter pour si peu cette crainte salutaire du blâme de l'opinion, ce respect de sa réputation bien mieux cultivé aux champs que dans la foule des villes ? Si quelqu'un l'enfreint dans une paroisse rurale ce sera presque toujours un de ceux que le laisser-aller des villes et des ateliers aura préparé à s'en faire un jeu. Oui je l'affirme, dans les campagnes on connaît mieux ses voisins, on est mieux connu d'eux que dans les grands centres de population , et cela suffit pour maintenir dans la ligne des devoirs ceux même que leurs dispositions naturelles porteraient le plus à s'en écarter.

Telles sont les conditions morales de la situation du cultivateur au milieu de ses semblables.

Si nous l'examinons dans ses relations avec toute la société, nous allons le voir , pareil à un filet d'eau vive, donner l'existence et le mouvement aux milliers de rouages qui fonctionnent dans notre machine sociale. Combien d'industries se groupent autour de son foyer ! — Il alimente la forge du maréchal , l'atelier du charron , l'industrie du bourrelier ; c'est lui qui fait mouvoir la truelle du maçon, la cognée du charpentier , les bras du terrassier , du faucheur et du moissonneur. Il est pour le vétérinaire une précieuse *pratique.* Sur les produits qu'il a tirés du sol, le maquignon , le blatier , le meunier élèvent leur commerce et leur industrie. Il est le pourvoyeur des charcuteries et des boucheries , comme sa ménagère est celui des marchés qu'elle fournit abondamment de beurre , de lait , d'œufs et de volailles.

Paris s'est vu menacer un jour de se réveiller sans pain , les garçons boulangers s'étaient mis en grève ! Je laisse à penser la rumeur que c'eût été , si on ne se fût hâté de conclure un compromis pour les obliger à reprendre leur besogne abandonnée.

Et si par hasard le cultivateur, sous le prétexte (qui n'est que trop une vérité) de l'exiguïté de ses bénéfices, s'avisait , lui, de chômer une saison !

C'est alors qu'on s'apercevrait de l'utilité de son travail et qu'on penserait peut-être très sérieusement à le soulager et à l'honorer ! Mais on n'a pas cet embarras; on le sait rivé à sa chaîne, sous le fouet de la nécessité qui lui crie d'une voix inexorable : « Marche , marche toujours et quand même ! »

On le méprise donc tout à l'aise, ce pauvre campagnard ! On le méprise parce qu'il est pauvre ; on le méprise parce qu'il est lourd dans ses allures ; on le méprise parce qu'il est inhabile à formuler élégamment ses pensées et ses besoins ; on le méprise encore parce qu'il est attaché aux vieilles coutumes *jusqu'à la routine.*

Il est pauvre ! — En savez-vous la raison ? C'est que le plus lourd de l'impôt de l'argent et de l'impôt du sang est toujours retombé sur lui. Il avait grand'peine à suffire à son travail, et on lui a enlevé les bras de ses enfants ; les enfants de l'industrie étaient chétifs et malingres, il a bien fallu qu'on en appelât aux siens !

Il est *pauvre* parce qu'il n'a pas voulu quitter une industrie ingrate et pénible qui ne ressemble en rien aux autres industries ; ni par la moindre relâche dans le travail, car elle ne le pardonnerait pas, ni par la facilité du placement des produits, ni par le renouvellement des capitaux qui porte si haut les bénéfices de l'industrie et du commerce.

Il est *pauvre* dans les années d'abondance comme dans les années de disette : pendant les premières, il ne trouve que difficilement et à vil prix l'écoulement de ses denrées pour solder ses coûteuses mains-d'œuvre ; pendant les autres, il a vendu de bonne heure ses produits au blatier, le seul qui profite des hausses extraordinaires, le seul qui ait le triste courage de spéculer sur la disette. Le cultivateur n'en poursuit pas moins son œuvre d'humanité pour tous ceux qui l'entourent et qui relèvent de lui, et pour toute récompense, au milieu de nos crises, il entend rugir à ses oreilles des menaces contre les fruits de son travail, contre son toît, contre sa vie !

Il est *lourd* dans ses allures !

Eh ! croyez-vous donc que ce travail pénible et in-

cessant d'une créature humaine ne lui impose pas un
cachet indélébile sur le front ? Ne riez pas de sa lour-
deur , c'est elle qui vous nourrit : il a besoin de ména-
ger ses forces pour sa longue et fatigante carrière.
C'est de la charrue que partent nos meilleurs et nos
plus robustes soldats ; laissez l'étincelle de l'honneur
militaire les atteindre , et vous les verrez bientôt enfanter des miracles d'énergie et de bravoure.

Son esprit est *routinier !* — Il le sera toujours tant
qu'on se contentera de le prêcher autrement que par
l'exemple , et il a bien quelques raisons pour ne pas se
risquer dans les voies nouvelles avant que l'expérience
ne soit venue les sanctionner. Il y joue son existence
et celle de sa famille : comment ne serait-il pas pru-
dent jusqu'à la timidité !

Soyez tranquilles, il cèdera peu à peu à l'entraî-
nement quand vous l'aurez convaincu par ses propres
yeux ; mais pour rien au monde il ne compromettra
son pain sur la foi de belles promesses, car il n'a pas
de superflu à risquer en essais.

Vous le montrez au doigt parce qu'il oppose de la
résistance à toutes les innovations, sans vous apercevoir que chacun de vous commence toujours par les
repousser aussi, quitte à les adopter ensuite, bien que
l'enjeu ne soit pas le même. Remontez aussi haut que
vous le pourrez dans l'histoire et vous verrez écrites ces
résistances dans les annales de tous les peuples ; c'est
à proprement parler ce qui fait la base de leur stabilité.
Si le cultivateur pousse cet amour des vieilles coutumes
jusqu'à la ténacité, je vous en ai dit les raisons ; atta-
chons-nous à les vaincre par de bonnes institutions
agricoles pratiques.

Ce n'est pas un *parleur élégant et disert !*

Eh tant mieux mille fois ! il pourra du moins fournir

3

un auditoire aux orateurs qui fourmillent de par le
monde : mais qu'ils prennent garde, car cet auditoire
ne se paie par tant de mots que de solides raisons.

Son esprit n'est pas cultivé! — A qui la faute? N'a-t-
on pas cru faire beaucoup pour nos campagnes en ins-
tituant des écoles primaires, sans trop s'inquiéter si les
élèves pourraient les suivre, et si les instituteurs y
trouveraient une existence convenable. On a pensé que
ce genre d'établissements n'éprouverait pas plus de
difficultés dans son installation et dans sa marche que
dans les villes; qu'il suffisait de placer un maître d'é-
cole devant un tableau pour faire affluer les élèves dans
les classes, et qu'une fois arrivés, ils acquerraient
rapidement une somme d'instruction utile au reste de
leur carrière. Malheureusement les résultats prouvent,
chaque jour, que les succès n'ont pas répondu au pro-
gramme : parmi les mille causes qu'on peut assigner à
ce mécompte, il faut rappeler que les communes rurales embrassent des surfaces considérables sur les-
quelles sont éparpillés les hameaux et les métairies;
des rivières, des ruisseaux, des marais, des monta-
gnes, des obstacles enfin de toute nature, infranchissa-
bles pour les enfants pendant une partie de l'année,
les séparent du chef-lieu de la commune, siége de l'é-
cole primaire.

La rétribution due à l'instituteur, bien que fort mo-
dique, est souvent encore hors de proportion avec les
ressources pécuniaires des parents; ceux-ci d'ailleurs
utilisent pendant la meilleure partie de l'année les petits services que leurs enfants peuvent rendre à la
ferme en gardant le bétail, en aidant aux récoltes, et
ne leur peuvent laisser qu'un temps bien restreint pour
suivre les leçons de l'instituteur.

Si, malgré tant d'obstacles, ces pauvres petits sont

parvenus à assembler leurs lettres, à lire quelque peu couramment, le seul usage qu'il leur soit donné de faire de leur débile savoir, c'est de le consacrer à la lecture de ces mauvais livres que la honte exile des villes ; seuls ils pénètrent dans les chaumières, parce que seuls ils portent avec eux ce talisman qui ouvre toutes les portes, *le bon marché.*

Former des bibliothèques communales, tel paraît être le remède qu'on se propose d'appliquer à ce mal. — Il est douteux que ce soit là la meilleure voie pour arriver au but ; vos bibliothèques seront peu assiégées par la raison qu'il faudra demander dix fois un livre donné en lecture avant de l'obtenir. — S'il faut le lire sur place, nous n'aurons pas le temps de nous déplacer ; si on le donne à emporter, son sort sera bientôt décidé.

Et puis, avez-vous bien fait votre provision de livres simples, clairs, substantiels et courts surtout, comme il les faut pour nos intelligences incultes ?

Voilà tout un public nouveau que les journaux eux-mêmes n'ont pas encore atteint et qui ne sait parler, et n'entend d'autre langue que celle du bon sens le plus terre à terre. Combien nous enverrez-vous de livres de la force *des entretiens de village* de notre TIMON : Je les crois encore à faire, à vous dire le vrai. Appelez donc à l'œuvre les écrivains capables de comprendre cette grave mission : *Instruire profondément tous les citoyens de leurs devoirs et de leurs droits.*

Voilà qui n'est plus du tout matière à feuilletons, mais cela pourrait devenir matière à encouragements sérieux. Quand vous les tiendrez, ces *bons livres,* inondez-en la France à bas prix, *gratuitement* même si vous le pouvez, il n'y a pas d'économie qui vaille ces prodigalités-là : il nous les faut dans un coin de notre buffet, sur notre cheminée, à la portée de notre main, enfin quand nous avons un moment de loisir, après les travaux du jour, ou le dimanche entre messe et vêpres.

De tout temps il a paru commode de crier sur tous les tons et avec mille variantes toutes stéréotypées que notre agriculture était arriérée : ce thème tout fait paraît avoir eu un singulier attrait pour l'esprit de dénigrement naturel aux hommes pour tout ce qui est en dehors de leurs occupations. Assurément la culture actuelle n'est pas ce qu'elle pourrait être, et j'en ai surabondamment exposé les raisons, mais ce n'est pas en la critiquant sans cesse sans lui porter le moindre secours, qu'on la fera avancer d'un seul pas dans la voie des progrès.

Il s'est heureusement rencontré des hommes éclairés qui, de leur propre inclination ou dégoutés de toutes les carrières que les révolutions brisent comme des jouets, se sont pris sérieusement à la rude tâche d'améliorer les produits du sol, en lui consacrant leur activité, leur intelligence, leurs ressources pécuniaires. Ceux-là, croyez-le bien, ont plus fait pour l'avancement de l'agriculture que des bibliothèques tout entières, et s'il y a eu quelques progrès réels sur divers points de la France, ne doutez pas qu'ils ne soient dus à l'impulsion qu'a donnée leur exemple. Depuis bien des années, les demeures abandonnées par leurs possesseurs se sont repeuplées, réparées comme par enchantement. L'*absentéisme* du propriétaire du sol, cette plaie qui rongeait les campagnes au profit des villes s'est amoindri presque partout au point de disparaître à peu près entièrement.

Les fermes ont été relevées, pourvues des éléments de travail; les besoins des fermiers mieux appréciés par les propriétaires qui pouvaient les juger par leurs yeux; le superflu du maître du sol a amélioré les souches de bestiaux, introduit des instruments perfectionnés, donné à la terre les amendements qu'elle réclamait, reboisé les lieux stériles, fait des essais de toute nature.

En jetant aujourd'hui les yeux sur nos campagnes, on remarque assez fréquemment des propriétés en bon état de culture, décorées de riches moissons, où l'on suit les assolements les plus favorables : exemples fructueux pour un pays, elles rayonnent les progrès autour d'elles par l'influence toute puissante du succès.

· Ces fours à chaux, ces tuileries qui fument au loin, ces mille voitures qui sillonnent les chemins, c'est le propriétaire-cultivateur qui les anime ; ces milliers de bras dont il dirige les travaux, dont il rétribue le travail, donnent la vie à autant de familles paisibles. Ce qui rehausse encore son mérite, c'est que le bien produit par son dévouement à l'agriculture est entrepris avec le plus grand désintéressement : on se tromperait fort (et lui-même commettrait une cruelle erreur, s'il en avait la pensée) en cherchant à trouver dans son œuvre quelque dédommagement particulier pour ses intérêts.

Avantage pour ses intérêts matériels? il n'en peut être question qu'après de longues années de sacrifices, car c'est un rude métier que celui de la culture, et qu'on ne connaît bien qu'à l'user.

· Avantage d'influence qui devrait naturellement découler de la position qu'il a prise ?

Oh! pour celui-là encore, c'est bien tout au plus s'il l'obtient. La raison en est bien simple, sa légitime prépondérance nuirait à celle moins logiquement étayée des meneurs, des avocats à pignon, comme il s'en rencontre toujours dans les villages. Ceux-là s'entendent et se donnent le mot pour conserver le privilége de diriger l'opinion du pays. Bien souvent il sera repoussé du sein

des conseils de sa commune, parce qu'on craindra sa
clairvoyante indépendance; son équité, son intelligence
effarouchent, elles l'empêcheraient de prêter les mains
à certains arrangements contraires au bien général.
Qui n'a pas vu de ces choses-là partout ?

Voilà le tableau exact, strictement vrai de la position
du propriétaire éclairé dans la plupart des communes.
Il n'y a pas dans tout cela de quoi faire envie, de quoi
porter ombrage. Et pourtant il semble qu'à entendre
prononcer par certains intéressés ce nom presque à
l'index de *propriétaire!* il n'y ait plus qu'à courir
sus, qu'à prononcer l'ostracisme. C'est presqu'un syno-
nime de *tyran,* c'est le but en blanc de toutes les déclamations furibondes des clubs démagogiques.

J'étonnerais bon nombre de gens qui font de nous les
sangsues des travailleurs, si je leur disais que ce sont
les travailleurs qui la plupart du temps nous font la loi
quant aux salaires, et que nous cédons bien souvent
nos céréales au dessous de leur prix de revient réel,
pour entretenir d'ouvrage les ouvriers habituels de la
ferme. Savez-vous aussi comment ils se vengent à l'occasion, les bourreaux de propriétaires? Dans les disettes,
ils gardent tout leur monde, ils cèdent leurs grains
au dessous des cours du marché à tous ceux qui les
avoisinent, ils souscrivent pour l'arrivage des grains
étrangers pour mettre un terme aux crises qui pèsent
sur le pays: et tout cela pour satisfaire leur cœur, sans
prétendre à aucun remercîment, car bien des gens se
rencontreront qui ne croiront pas au désintéressement,
tout en palpant du doigt et de l'œil les preuves les
plus irrécusables que cette vertu est encore de ce
monde.

Les difficultés que le cultivateur éprouve à accomplir sa tâche avec succès augmentent de jour en jour

par des motifs qu'il n'est pas indifférent de développer.

Je veux parler ici de cette tendance fatale de la jeunesse valide des campagnes à émigrer vers les villes qui n'en regorgent déjà que trop. Examiner les causes d'une aussi funeste tendance, ce sera implicitement en pressentir les remèdes.

Deux causes principales priment toutes les autres et contribuent à éloigner les enfants du cultivateur de la paisible industrie de leur père.

Le travail de la culture est trop peu productif eu égard à la fatigue qu'il impose, et cette profession de cultivateur n'est pas honorée à l'égal de son utilité réelle.

L'agriculture, moins brillante que ses rivales, l'industrie et le commerce, ne séduit pas par ces bénéfices rapides qui élèvent subitement les fortunes des villes : aussi les capitaux se détournent-ils d'elle, la laissant se débattre péniblement contre toutes les chances défavorables qui ne se lassent jamais de l'assaillir.

Faut-il s'étonner que le voisinage des villes où se déploye un luxe inconnu au hameau, à la ferme, où brille à la surface une aisance qui semble épanouir le visage, n'éveille chez le campagnard la tentation d'échanger son existence monotone contre la fébrile activité, indice trompeur du bien-être. Supposons-le plus intelligent, plus observateur que la foule des cultivateurs ses frères, et ce sera pour lui un motif de plus pour aller trouver ailleurs un aliment à son inquiétude. Il va priver la culture d'un travailleur intelligent pour embarrasser la ville d'un ouvrier médiocre.

S'en étonnera-t-on ? La ville pour les simples campagnards est si brillante en comparaison des modestes villages ! Les rues si belles à côté des chemins boueux qu'ils parcourent toute l'année ; les églises si resplendissantes comparées à ces humides et pauvres chapelles des paroisses rurales ! Ici l'on étale aux yeux de si belles étoffes à bas prix ! Celles du marchand forain ne leur sont pas comparables. Le labeur du cultivateur, le plus grand de tous à ses yeux, ne lui rapporte que des bénéfices restreints, difficiles à réaliser et bien souvent insuffisants pour solder ses frais continuels, les mécomptes de ses récoltes.

N'est-il pas la victime dévouée de l'intempérie des saisons qui glissent sur l'habitant des villes sans lui causer d'autre dommage qu'un surcroît de dépense pour son chauffage. Encore si quelque industrie, quelque petit commerce permettait à l'homme des champs d'ajouter de légers profits aux fruits de son travail de culture ! Mais cette faible ressource elle-même a disparu aujourd'hui des campagnes. — Les communications devenues plus faciles ne font plus d'un voyage une aussi grande affaire : on se rend volontiers à la ville voisine pour s'approvisionner. L'influence des machines s'est étendue jusqu'aux chaumières : plus de tricotage de bas, de tissage de draps et de toile, de petit commerce de mercerie. Ces ressources des faibles et des infirmes de nos hameaux s'éteignent chaque jour devant les produits plus séduisants à l'œil, plus économiques en apparence pour les petites bourses que les villes fournissent abondamment.

Les hommes peu éclairés ne sont frappés que de la superficie des choses et ne cherchent pas à en pénétrer le fond ; ils s'exagèrent le mal d'un côté et les avantages de l'autre, et leur imagination une fois frappée ne peut plus être guérie que par une cruelle expérience. S'ils avaient du moins auprès d'eux quelque conseiller assez sage pour faire tomber les écailles de leurs yeux ; pour leur dévoiler les misères cachées auxquelles ils

vont se dévouer aveuglément ! Mais à quoi bon ; écou-
teraient-ils ses bons avis ? Ils ne prendront guère con-
seil à ce sujet que d'un de ces orateurs d'atelier qui se
jouera de leur crédulité. Il sera peut-être venu quelque jour, paré de son habit de fête, s'asseoir au banquet d'un baptême ou d'un mariage dans le hameau,
et présider à la place d'honneur. Oracle sans appel, il
s'étendra complaisamment sur tous les plaisirs qui sont
le partage des villes : promenades, spectacles, réunions
animées, jeux variés, cafés, causeries de voisinage,
occasions fréquentes de bénéfices, telles seront les fa-
cettes brillantes du prisme magique qu'il fera successivement scintiller aux yeux de ses convives ébahis ! Il
plaidera triomphalement une cause déjà à demi-gagnée
dans l'esprit de ses auditeurs prévenus, en répondant
à leurs secrètes pensées. Que ne les entretient-il plutôt des maux causés par la concurrence; de la mansarde
malsaine qui donne asile à sa famille étiolée ; du travail
obstiné de sa jeune femme qui cherche courageusement
à réparer, aux dépens même de sa santé, les brèches
que l'intempérance de son mari fait sans cesse au salaire
de la semaine, sous le triste prétexte des devoirs fac-
tices de la *camaraderie?*

Pourquoi le campagnard ne se rappelle-t-il pas aussi
que le nourrisson de la ville est exilé du ménage auquel
le temps et l'espace manquent tout à la fois pour accomplir le plus saint des devoirs, l'éducation de l'en-
fance par les soins de la mère ! N'a-t-il pu en conclure
que ce fait si fréquent était l'indice de quelque malaise
dont la famille des champs n'éprouve pas l'atteinte. Peu
importe, une fièvre d'ambition se joint en lui à la cu-
pidité et porte le trouble dans les saines idées que son
père lui avait léguées.

La société tout entière est en travail. Qui donc aujourd'hui s'estime n'être qu'un homme ordinaire ? ou qui donc, se rendant justice intérieurement, voudrait le confesser au public ?

Mais aussi qu'a-t-on fait pour affectionner le cultivateur à son travail ? J'ai dit toutes ses misères ; comment les a-t-on soulagées ? de quelle considération a-t-on entouré sa paisible industrie ?

Quelques rares distinctions sont bien allées de loin en loin chercher un travailleur méritant, mais qu'est-ce cela sur la masse ? Nos fêtes agricoles ont-elles la solennité qui devrait être la récompense du premier, du plus essentiel des arts ? Demandez à nos laboureurs : on les a couronnés à la hâte, en balbutiant quelque harangue officielle, et distribué quelques encouragements banals au milieu d'un champ à peu près vide de spectateurs.

Ah ! quand il s'est agi d'un de ces mille anniversaires qui se remplacent à chaque révolution, d'une stérile revue, d'une course de chevaux dont l'utilité ne dépasse pas les cordes de l'hippodrome, la foule s'est toujours montrée compacte, frémissante, exhalant des tonnerres d'applaudissements !

Mais se porter aux fêtes de notre mère nourricière de l'agriculture, allons donc ! Qui serait assez badaud pour aller applaudir aux efforts d'un utile et prosaïque travailleur, pour lui donner des marques de sympathie !

Mais si vous avez peu honoré le cultivateur valide, avez-vous du moins pourvu à ce que les vieillards et les infirmes des champs soient reçus dans des asiles pareils à ceux des villes ?

Pourquoi est-il réduit à se traîner, par les temps les plus rigoureux, le long des chemins impraticables l'hiver pour tendre la main de chaumière en chaumière, implorant de son voisin, presqu'aussi malheureux que lui, le partage du morceau de pain, fruit de ses sueurs ?

Redirai-je que le cultivateur fournit plus qu'un autre sa part au tirage annuel ; que les soldats à leur retour au foyer se sont souvent déshabitués du travail de la terre, au point de le trouver trop pénible et de lui préférer les occupations des villes. Nouvelles causes de dépopulation des campagnes, nouvelles entraves à la culture.

Tel est le triste et véridique tableau de la situation de l'agriculture : elle n'est l'objet d'aucune considération, d'aucun encouragement réel ; l'industrie et le commerce la dédaignent ; les capitaux la fuient ; ses travaux sont accablants, ses recettes difficiles et avares ; l'armée lui enlève ses bras ; ses invalides sont abandonnés sur les grands chemins à la pitié publique !

A L'ŒUVRE CULTIVATEURS ! Elevons la voix avec ensemble, exhibons nos plaies, réclamons de l'attention de notre constituante la part à laquelle nos utiles travaux nous donnent d'incontestables droits. La presse est la tribune de tous ; assez longtemps elle a été accaparée par les passions politiques de quelques ambitieux ; appelons-la à un rôle plus noble et plus digne d'elle, celui de défenseur des grands intérêts de la population agricole, base de toute stabilité, de toute prospérité sociale, la seule enfin que les catastrophes révolutionnaires, que les mauvais vouloirs de l'étranger ne puissent jamais ébranler ni détruire.

De tout ce qui précède, il ressort clairement qu'il faut au cultivateur des secours et des encouragements de plus d'une nature : des secours d'argent pour ses besoins les plus pressants ; des secours pour ses malades, ses infirmes, ses vieillards pauvres ; de l'instruction appropriée aux occupations de toute sa vie ; de bons modèles de culture à suivre ; un système loyal d'assurances contre toutes les mauvaises chances ; enfin, des encouragements proportionnés à l'importance de sa tâche.

Les secours d'argent ne peuvent arriver au cultivateur sans qu'il offre un gage en échange : on sait combien l'hypothèque lui a été onéreuse, et à quel taux usuraire les prêts sur billets lui ont procuré de l'argent jusqu'à ce jour : d'ailleurs, ce n'est pas toujours le propriétaire du sol qui a besoin d'avances, c'est aussi le fermier qui le tient à bail et ne peut donner aucune hypothèque.

Il ne faut souvent que de petites sommes au cultivateur pour animer son travail, pour appliquer à propos une amélioration ; je voudrais qu'il pût le trouver facilement sans avoir recours à l'emprunt, sans être obligé de vendre à vil prix les produits de sa culture ; je voudrais une sorte d'établissement analogue aux monts de piété des villes, et qui fonctionnerait dans des conditions à peu près pareilles. Un vaste entrepôt recevrait les grains en dépôt, les solderait provisoirement sur le cours le plus bas, pris dans la moyenne des dix années précédentes par exemple ; chercherait leur écoulement, et tiendrait compte à la fin de l'année de la plus value moyenne de toutes les ventes, déduction faite des frais et d'un intérêt fixé à l'avance. Ces entrepôts établis aux chefs-lieux des arrondissements se mettraient en relations continuelles entre eux, et concourraient, par des échanges, à établir un prix moyen dans toute la France, en écartant ainsi à tout jamais la possibilité des disettes locales. On conçoit tout ce que les voies de fer apporteraient de facilité, d'exécution à ces opérations bienfaisantes.

Ce n'est pas le tout que de pouvoir trouver au besoin des avances pécuniaires pour ses besoins, il importe aussi d'être mis à l'abri des mauvaises chances de l'incendie, de l'inondation, de la grêle et de tous les fléaux qui peuvent fondre sur les récoltes et sur les habitations, sans admettre toutes les distinctions que les compagnies actuelles d'assurances mettent entre les diverses causes des sinistres.

Le seul moyen de rendre ces secours fraternels efficaces pour les victimes, et leur charge presque insensible pour les contribuables, c'est de généraliser les assurances dans toute la France.

N'assurons-nous pas, par un budget, les services de l'état pour qu'il nous fasse jouir de la tranquillité, de la protection des lois? N'avons-nous pas un intérêt au moins aussi grand à nous mettre à l'abri des chances de ruine?

Mais que cette assurance soit confiée à une administration générale formée par voie d'élection, et ne soit pas placée sous la main du pouvoir. La tâche du pouvoir est assez grande pour ne pas la lui augmenter encore par cette complication de rouages : en cas de guerre, il pourrait la négliger pour de plus grandes préoccupations, et peut-être demander au budget de l'assurance des ressources qui ne doivent pas en être détournées. Quant au mode d'assurances, l'expérience prononcerait entre le mutualisme et la prime, ce n'est là qu'un incident facile à trancher.

Les fermes-modèles établies sur une large base dans chaque arrondissement, et de proche en proche dans chaque canton et chaque commune, pourraient répondre aux autres besoins des cultivateurs.

Leurs travaux pratiques dirigés avec intelligence seraient le modèle des bonnes cultures pour tout le pays; leurs écoles gratuites, leurs publications répandraient l'instruction dans toute la population agricole; leurs

4

infirmeries, leurs pharmacies offriraient des secours instantanés, des médicaments au prix de revient aux malades des campagnes.

La ferme principale de l'arrondissement pourrait donner un asile aux vieillards et aux infirmes isolés de toute famille.

Demander que les frais d'établissement de toutes ces institutions qui prouveraient enfin au cultivateur qu'on a quelque souci de lui soient à la charge de l'état, c'est demander l'impossible, ou du moins reculer indéfiniment le moment de l'exécution. L'état ne peut guère fonder que les fermes d'arrondissement, et cela même dans l'intervalle de quelques années, et puis sur leur modèle, engager, par tous les moyens de persuasion possibles, les comices agricoles dont je vais parler tout à l'heure, à étendre ces fondations aux cantons et même aux communes.

Les comices agricoles tels que je les conçois seraient, en effet, seuls capables de bien comprendre et de bien diriger les établissements modèles, parce qu'ils seraient exclusivement composés de cultivateurs.

Pour les former régulièrement, je voudrais que dans chaque canton on convoquât une assemblée de cultivateurs pour élire leurs délégués, absolument comme on a convoqué les gardes nationaux pour élire leurs chefs : le comice électif du canton élirait à son tour un certain nombre de délégués pour former le comité d'arrondissement.

Il n'est guère douteux que les choix faits par des électeurs compétents, et jugeant sur les œuvres au soleil, ne fussent aussi sérieux que possible. On aurait donc toujours sous la main des commissions toutes prêtes pour examiner, rendre des jugements, proposer de bonnes mesures, tous les éléments enfin

pour une sérieuse organisation du bien. Ces comités
mis en relation entre eux par le comité d'arrondissement agiteraient, éclaireraient toutes les questions
relatives à l'agriculture, et les remettraient tout éla-
borées à nos représentants pour que ceux-ci à leur
tour pussent en saisir l'assemblée nationale. Il me
semble que forts de cet appui éclairé, les législateurs
seraient mis à l'abri de toutes fausses mesures, et
nous profiterions de cette institution pour leur rappeler
quelquefois les besoins urgents du pays pour le soulagement desquels ils ont accepté nos mandats.

Je n'ai pas l'intention d'entrer dans de grands détails
sur les bases de l'organisation des fermes-modèles
dont il a été question plus haut; NOS COMITÉS jugeraient
souverainement le meilleur mode d'assiette qu'il serait
convenable d'adopter : ils auraient à choisir entre toutes les expériences déjà faites, celles qui leur présente-
raient le plus de chances de succès. Il me semble seulement que ces établissements devraient en général être
assis :

1° Dans une localité choisie au centre de leur cir-
conscription ;

2° Sur des terrains mis en valeur depuis longtemps
pour la plus grande partie du moins, afin d'éviter les
revenus négatifs des premières années;

3° Sur des propriétés déjà pourvues de bâtiments.

Il faudrait que leur personnel *directeur* fût choisi par
les comices ;

Leur personnel *de travailleurs* soumis au choix de
ces mêmes comices parmi les familles nécessiteuses,
probes et laborieuses du pays ;

Le capital représentant l'immeuble, les cheptels,
le fonds de roulement, divisé en actions transmissibles
sans aucuns frais ;

Je réclamerais une indépendance complète de l'état, et la direction supérieure de l'établissement confiée aux délégués des comices d'arrondissement ou de canton selon le cas, aussitôt que la souscription particulière aurait atteint le chiffre entier de l'entreprise;

Je voudrais enfin qu'on évitât d'appliquer à l'établissement de la ferme-modèle la loi d'expropriation pour cause d'utilité publique ; l'origine d'une institution bienfaisante devant être pure de tout soupçon de contrainte. Assez de propriétés viendraient d'ailleurs s'offrir d'elles-mêmes dans les localités où ces établissements seraient le plus nécessaires.

Après cette énumération des remèdes actuellement applicables aux maux de l'agriculture, ajoutons quelques mots sur les récompenses qui lui sont dues.

Au printemps, des concours de bestiaux et de charrues auraient lieu d'abord par canton, et ensuite par arrondissement entre les bestiaux primés dans chaque canton, et entre les lauréats de chaque canton. On donnerait à la fête de l'arrondissement toute la solennité possible, afin de prouver au *laboureur* la considération dont on veut entourer son industrie nourricière.

A l'automne, sur les rapports des comices, on primerait en séance solennelle d'arrondissement les meilleures cultures, les meilleurs instruments, on donnerait des médailles aux laboureurs, aux bergers, aux vignerons qui auraient été reconnus pour les plus laborieux, les plus probes et les plus intelligents.

Objectera-t-on que ces solennités, ces récompenses, ces primes dans toute la France seraient une lourde charge pour le budget? Je pense d'abord que la cotisation volontaire viendrait aider aux sommes qu'il serait possible de prélever sur les fonds des assurances générales dont il a été question dans le courant de ce mé-

moire ; et si l'on veut au surplus réduire ces frais , il
est bien facile de le faire en ne donnant à ceux jugés
dignes de récompenses qu'une simple médaille de bron-
ze dont ils seront aussi fiers que si elle était faite d'un
métal plus précieux.

Telles me paraissent être pour le moment les institutions applicables à l'amélioration du sort de la classe
agricole, sans porter de perturbation dans son industrie,
mais en l'aidant par le prêt sur gage , et l'exemple à
prendre tout son essor, en soutenant son moral par
l'appui et les secours offerts à ses invalides ; en stimu-
lant enfin les efforts de son intelligence par des récompenses flatteuses.

Si on veut tenter de faire pénétrer les réformes plus
avant dans la constitution , dans l'essence même du
travail agricole , peut-être ne sera-t-il pas inutile de
retracer en quelques mots dans quelle situation les
possesseurs du sol et les ouvriers de l'agriculure se
trouvent les uns à l'égard des autres.

Deux sortes de contrats lient aujourd'hui le propriétaire et le fermier : le bail à prix d'argent ou à prix fixe
de grains, et le bail à moitié fruits, ou à moitié profits
et moitié pertes.

Dans le premier cas la transaction du fermier et du
propriétaire a pour base le taux moyen du rapport de
la terre. Dans le second cas le propriétaire retire de
son sol un produit sujet à des variations annuelles ,
mais qui se balance également par une moyenne cons-
tante entre plusieurs années. Le bail à prix d'argent
expose le propriétaire à voir un mauvais fermier dé-
tériorer la terre et les cheptels sans aucune compensa-
tion pour lui, et à n'être même pas payé de son loyer :
et un fermier laborieux et de bonne foi est exposé de
son côté à s'endetter pendant les mauvaises années
pour solder le prix de son bail.

Le bail à moitié fruits offre au propriétaire cette garantie, qu'on ne peut lui soustraire le gage de son revenu sur lequel il exerce une surveillance légitime, et au fermier cette assurance, que dans les années calamiteuses il n'aura à payer qu'en proportion de ses produits : si même il y a des pertes, le propriétaire est appelé à les partager. Il est bien clair qu'une pareille forme de contrat est celle qui se rapproche le plus des bases équitables de l'association du capital et du travail.

Dans ces transactions librement consenties entre les parties contractantes, dira-t-on que le propriétaire exploite le travailleur ? L'expérience est là pour prouver qu'il n'en est absolument rien.

Dans le bail à prix d'argent, le propriétaire, dit-on, donne sa ferme à l'homme qui lui en offre le prix le plus avantageux.

Non pas tout-à-fait s'il vous plaît, à moins qu'il ne soit un sot ; entre deux concurrents il choisira plutôt le meilleur et le plus intelligent travailleur, et ce n'est pas celui-là qui offrira le plus haut prix, attendu qu'il compte, lui aussi, sur la concurrence des propriétaires en sa faveur. Les fermes, les métairies ne sont pas rares et tout possesseur préférera toujours un fermage passable et bien hypothéqué sur les qualités du preneur, à un fermage plus élevé qui ne présenterait pas les mêmes garanties.

On voit donc que le travailleur probe et intelligent ne court pas le risque de manquer de travail. Cette concurrence-là n'est-elle pas légitime, sera-t-elle aussi mise à l'index ? Le propriétaire, dit-on encore, exploite le travailleur dans ce sens que lui seul profite de la plus value acquise au sol, par la culture intelligente du fermier pendant le cours du bail.

Examinons un peu s'il n'y a pas quelque objection à
ce *dire*.

On m'accordera bien, que s'il y a une plus value acquise à la terre par la bonne culture du travailleur, le
propriétaire a dû faire aussi toutes les avances, tous
les frais d'amélioration ; que le fermier n'a probable-
ment consenti qu'un bail progressif qui ne l'oblige pendant les premières années qu'à un faible rendement, et
que si dans le cours de son long bail il a augmenté la
production du sol, c'est aussi lui qui en a profité en
grande partie. Je demanderai aussi à tous les fermiers,
et cela la main sur la conscience, s'ils ne se sont pas
tous arrangés, vers la fin de leur bail, pour forcer la
terre à les indemniser largement de leurs sueurs et lui
faire rendre un compte *bien balancé* de toute l'amélioration acquise pendant les premières années. Ils auraient grand tort de croire que je les blâme le moins du
monde pour cette conduite si naturelle à l'homme de
chercher à jouir du fruit de son travail, — mais alors
les plaintes contre l'ingratitude du propriétaire sont-
elles fondées ? Et les baux tout puissants pour protéger
les fermiers ont-ils la même efficacité pour les propriétaires ? Qui ne sait combien il est difficile, même au
prix de grands sacrifices, d'évincer un mauvais fermier. Il est, lui, rigoureux sur ses droits, chicaneur sur
les formes : chacun trouve cela tout naturel. Mais le
propriétaire, *lui*, en pareil cas, recueillerait toujours
le blâme de l'opinion ; — vous voyez bien qu'il n'en
usera pas et que le fermier est plus fort que lui. Ne faus-
sons donc pas toutes les questions, ne montrons pas de
victimes là où l'on ne peut équitablement apercevoir
que des hommes liés par des contrats librement con-
sentis avec connaissance de cause et dans lesquels les
intérêts du travailleur sont plus sûrement établis que

ceux du propriétaire. Ne soulevons plus cette question de *plus value* des terres, comme une injustice flagrante faite au travail, car on pourrait trop souvent retourner l'argument contre le travailleur et lui réclamer une indemnité de *moins value* infligée au sol par sa négligence et son incapacité. Ce cas n'est que trop fréquent lorsque la terre sort des mains intelligentes et laborieuses du propriétaire-cultivateur, pour passer aux mains dilapidatrices d'un cupide exploitant.

En cela encore le bail à moitié fruits offre ce juste dédommagement que le propriétaire recueille sa part des produits dont on a forcé le chiffre par une culture peu raisonnée ; mais il offre aussi bien souvent ce triste résultat, qu'entre des mains incapables ou paresseuses, il ne produit qu'à peine la nourriture du fermier au secours duquel le propriétaire *inhumain* vient bien souvent, l'encouragement à la bouche et la compassion au cœur.

Si, des relations de propriétaire à fermier, nous passons aux relations de fermier à ouvrier de la ferme, nous allons trouver le fermier exploité par le travailleur en sous-ordre, et ce dernier dans une condition plus avantageuse que son maître. Les bras sont trop rares dans les campagnes pour que les cultivateurs puissent établir une concurrence au rabais entre les travailleurs à gages ou à la tâche ; ce sont eux, au contraire, qui font leurs conditions, qui choisissent l'exploitation dans laquelle ils veulent entrer. Si, pensant améliorer leur position, vous leur offriez une association pour exploiter en commun une terre et partager une portion des bénéfices nets après leur réalisation, il n'est guère croyable que cette combinaison leur agréât. Voyez en effet : ils seraient tout le long de l'année forcés de se contenter d'une solde minimum pour vivre, et d'attendre un bien long temps pour être mis en possession du supplément. L'agriculture ne ressemble pas aux fabriques, ni au commerce qui réalisent leurs profits plusieurs fois dans une année ; nos produits sont soumis à trop de chances fâcheuses pour que le travailleur accepte leur bénéfice net comme une suffisante garantie de sa rétribution. Et puis ne songe-t-on pas que cette hypothèque jalouse de l'ouvrier des champs sur les récoltes, sur le cheptel, ferait intervenir son *veto* dans les ventes, on contraindrait à les faire en temps inopportun, apportant ainsi des entraves à la libre disposition des fruits du travail. Qu'arrivera-t-il aussi si, dans le cours de l'année ou des années qu'il sera convenu de faire partie de la ferme, le travailleur se dégoûte, veut se retirer; ou si son travail venant à se négliger on a de justes raisons de l'écarter de l'association ? Quelle complication n'en résultera-t-il pas pour solder ce qui doit lui revenir ? A quelle portion des bénéfices aura-t-il droit s'il a ébauché plusieurs cultures, participé à plusieurs travaux sans en achever aucun ? Il n'y a pas de conciliation amiable à espérer de lui ; et cependant l'association lui assignera-t-elle une solde arbitraire, et au bout de quel temps ?

Personne n'ignore que les produits de l'agriculture sont très complexes. On achète du bétail plusieurs fois dans l'année, on le revend à des époques variées : les élèves de la ferme y restent un temps plus ou moins long suivant l'avantage qu'on espère en retirer : les grains demandent souvent 18 mois de travail avant d'être récoltés, et on ne les vend parfois qu'au bout de deux ans et plus, à compter des premières façons données à la terre.

La liberté du cultivateur et de son ouvrier en sous-œuvre, de se réunir ou de se quitter suivant leurs convenances, est un des éléments de succès de tous les travaux des champs. Il faut pour diriger avec fruit une exploitation, une autorité incontestée sur les travailleurs, et cette autorité ne peut exister à ce degré vis-à-vis de travailleurs associés qui ont implicitement droit de contrôle (bien ou mal exercé) sur un travail qui leur est redevable.

Consultez le travailleur à gages nourri avec la famille du cultivateur, et vous verrez qu'au bout de l'année, il a plus de bénéfices *nets* que celui qui l'occupe ; et celui-ci, par les mauvaises années, a souvent de la perte sans que le premier s'en soit ressenti.

Tous les hommes de bonne foi, qui verront dans ces questions autre chose qu'un texte à déclamations, en conviendront facilement.

« La terre, dans notre état social actuel, est, dit-on,
» placée dans des conditions intolérables, et vous-
» mêmes vous vous êtes plaints tout au long du défaut
» du système actuel, il faut y apporter un prompt re-
» mède. Elle est tantôt concentrée en trop grandes
» masses entre quelques mains privilégiées qui l'ex-
» ploitent mal, et en retirent néanmoins un superflu in-
» sultant pour les misères du plus grand nombre ; et
» tantôt divisée en trop de parcelles pour que le produit
» net réponde au temps et aux frais consacrés à leur ex-
» ploitation par chaque propriétaire de ces parcelles. »

Il y a d'abord dans ces deux objections une question qui prime toutes les autres, la question de la libre propriété. La contesterait-on ? Qu'on dénie alors le prix du travail. Pareille au capital, la propriété n'est après tout que la représentation du prix du travail actuel, ou de celui dont les bénéfices ont été transmis par l'hérédité. Vous criez à l'abus, aux fraudes, aux bénéfices illégalement acquis ; vous faites bien : réprimez-les, rendez-les impossibles par de bonnes lois, mais ne faites pas de l'exception une massue pour écraser le droit légitime. Enlevez l'hérédité directe, et vous priverez le cœur humain de ces douces espérances qui portent l'homme à redoubler d'efforts pour transmettre aux siens les fruits de son travail. Ne revenez pas sur le passé, sous peine d'introniser un code barbare et rétroactif, qui abolirait à jamais toute sûreté dans les transactions. L'accumulation dans les mains de quelques privilégiés de la fortune que vous déplorez, l'égalité des partages de la famille y a déjà pourvu depuis bien des années, et le nombre des possesseurs du sol s'est augmenté d'autant. Les lois qui se préparent *sur* ou plutôt *contre* les successions collatérales ajouteront encore à la rapidité du résultat que vous avez hâte d'atteindre; mais donnez à l'eau le temps de s'écouler, aplanissez ses rives et elles seront fécondées. Dessécher la source, ou bien en appeler aux ravages du torrent, c'est demander la destruction de ce qui existe, sans assurer un meilleur avenir à ce qui suivra. Vos impôts progressifs, vos taxes sur les sols défrichés à si grands frais seront le torrent, ou le desséchement de la source; vous arriverez ainsi à la confiscation de la propriété, aux envahissements des terrains improductifs sur les terres cultivées. S'attaquer à la propriété, à l'aisance de quelques-uns, c'est enlever l'assurance du travail de tous; car il ne faut pas perdre de vue que le revenu net qui représente les intérêts du capital du propriétaire a été tamisé d'un produit brut triple, qui a servi à alimenter mille industries et mille travailleurs. Si vous attaquez aujourd'hui directement, ou par des moyens détournés, mais tendant tous au même but, la propriété dans les mains de ceux qui la possèdent, sous prétexte qu'elle n'est pas le prix immédiat du travail,

prenez garde : vous menacez aussi la propriété à venir
du travailleur, but de ses efforts laborieux ! Voulez-
vous jeter ce germe de découragement dans son âme ?
Voulez-vous priver son énergie de tout ressort ? Non,
la libre disposition de la propriété ne sera point con-
testée à son possesseur : mais dans le cas où elle sera
trop étendue pour un seul exploitant, et dans celui où elle
sera trop réduite pour occuper toute son industrie avec
fruit, que fera-t-on pour y remédier au profit de toute
la société. « Dans le premier cas, on associera les tra-
» vailleurs pour l'exploitation des grandes propriétés,
» et dans le second cas, on associera les petites pro-
» priétés et leurs travailleurs-propriétaires : » telle est
la réponse à l'ordre du jour.

J'entends à merveille l'association des capitaux : tout
problème exprimé par des chiffres peut aussi se résoudre par des chiffres ; mais je n'entends plus aussi clairement la formule algébrique dans laquelle on voudrait
faire entrer les volontés, les intelligences, les instincts
de l'homme, toutes données essentiellement variables
et subordonnées à mille influences, pour en faire sortir
une solution équitable pour tous les intéressés.

Les grandes propriétés sont généralement mal cultivées et peu productives faute de fonds suffisants pour
les faire valoir ; — il faudra d'abord trouver ces fonds.
On sait que l'intérêt de l'argent consacré à la culture,
en outre des chances de perte auxquelles il est sujet,
est généralement très faible : les détenteurs de capitaux préfèreront donc, jusqu'à réforme bien établie de
l'exiguïté des produits nets, occuper leur argent d'une
manière plus avantageuse ; ils témoigneront peu d'em-
pressement pour venir au secours de la culture, tant
que les emprunts du commerce et de l'industrie ne leur
feront pas défaut à un taux plus élevé. Les secours de

l'Etat, il ne faut pas les compter en face de cette masse de besoins urgents ; leur rôle sera réduit à fonder quelques colonies-modèles. Supposons toutefois que par l'association de petits capitaux on soit parvenu à former une société d'exploitation pour cultiver un vaste domaine. Si l'association traite du loyer de la terre à quelque titre que ce soit, elle devient *fermier*, ses relations avec le propriétaire sont les mêmes que celles déjà examinées ; il en résulte les mêmes avantages et les mêmes inconvénients déjà signalés suivant la nature du bail, seulement les risques et les profits de ce fermier multiple sont plus divisés, mais aussi cet exploitant collectif n'a pour *assureur* du succès qu'un gérant, dont les intérêts ne sont pas aussi stimulants pour son zèle que si le travail était exclusivement *sien*. Je table toujours sur le naturel ordinaire des hommes, et non pas sur les exceptions louables par cela même qu'elles sont des exceptions.

Aussitôt que les actes de la vie sont privés de la liberté d'action, et de l'appât d'un produit exclusivement réservé au travailleur, le travailleur devient fonctionnaire, et sans même y apporter de calcul si on veut, il agit moins énergiquement, il laisse davantage aller les choses à leur pente la plus facile. Je ne vois donc pas dans tout cela de grands éléments de succès.

Si l'association admet les travailleurs au partage d'une portion du bénéfice en réduisant leur solde journalière au minimum, nous revenons à ce que j'ai dit plus haut des salariés de la ferme ; en concluant à l'impossibilité d'adopter cette mesure.

Si les associés deviennent propriétaires de la ferme par l'acquisition, nous arrivons à la situation des petites parcelles qui se réunissent pour faire valoir le sol par une industrie mise en commun.

On a dit pour justifier cette méthode que le possesseur d'une parcelle de terrain trop peu étendue pour
occuper son industrie pendant toute l'année, perdait
beaucoup plus de temps, et faisait beaucoup plus de
frais pour obtenir un bon produit, que ne le ferait une
association exploitant en commun. Il y a d'abord à cette
assertion une objection tirée des faits observés dans les
contrées les plus riches, et ce sont précisément celles
où la terre est le plus divisée entre les habitants; —
chacun double la production de son terrain par un travail obstiné et une industrie vigilante qu'on demande-
rait en vain à l'association. Il en résulte plus de travail,
nul doute : mais attendez au moins que l'intérêt personnel vous ait nettement dit que c'est là un grand mal
et vienne vous porter ses plaintes, avant de lui proposer votre remède. Vous passez outre, et vous as-
sociez les parcelles du sol et les propriétaires pour un
temps limité sans doute, car ce serait une confiscation
sans cela, et vous ne le voulez pas.

C'est ici que les difficultés vont surgir de toutes
parts ; il n'est guère de pays où le sol ne varie presque
à chaque pas et par suite sa valeur productive varie
également : première appréciation délicate surtout en
présence des intérêts rivaux des propriétaires. Mais
franchissons cet obstacle et supposons que le jury d'es-
timation ait réduit en chiffres équitables la valeur propre de chaque parcelle. Il va, pour compléter son
œuvre, estimer également en chiffres la puissance de
travail de chacun des associés, appréciation sur le
terrain de laquelle les intérêts et l'amour-propre vont
se livrer un terrible combat. Quant à les courber tous
sous le même niveau, la question est en dehors des
possibilités ; elle a soulevé un *tolle* universel, il faut
donc bien qu'elle ne soit pas recevable. Mais en sup-

posant que le jury soit parvenu à accomplir ce tour de force, il n'aura pu faire entrer en ligne de compte le plus ou moins de constance dans la volonté de travail de chacun. Mettez-vous à l'œuvre et vous ne tarderez pas d'ailleurs à vous apercevoir que chaque associé aura gardé dans le fond de sa pensée qu'un jour à venir la société sera dissoute, et que chacun deviendra libre de former d'autres combinaisons d'association avec ses voisins, ou de garder sa portion, car cela peut aussi arriver ; et alors pensez-vous qu'il trouvera jamais que les autres associés ont assez de soin de sa portion, qu'elle a une part équitable d'engrais, de culture, qu'on ne l'écrase pas de productions au profit de la communauté, etc. Il faudrait bien peu savoir son humanité pour ne pas comprendre ce résultat dissolvant.

La nouvelle école suppose éternellement la perfection humaine, c'est-à-dire l'impossible : elle base ses calculs sur cette donnée, sans compter avec les péchés mignons de notre infirme nature, la douce paresse, l'enivrante vanité, le désir ardent de l'indépendance, l'égoïsme du *moi*, toujours vivace tout en se dissimulant sous les plus beaux dehors ; elle n'en tient compte, mais ils s'assiéraient, malgré elle, sournoisement au banquet de ces fraternités mal établies pour y porter bientôt le trouble.

En résumé je conçois que la pénurie actuelle de l'agriculture puisse, dans certaines localités, être conjurée par l'association des capitaux dont la gestion serait confiée à d'intelligents cultivateurs, mais non par l'association directe des travailleurs pour l'exploitation des terres, au moins dans l'état actuel de nos idées sociales. On voudrait effacer de l'esprit humain cette idée de propriété qu'il s'est assimilée depuis tant de

siècles ; qu'il a toujours eu pour but de sa félicité sur
terre , parce que la propriété est pour lui le fruit et la
récompense du travail de sa vie , parce qu'elle est
pour lui l'*otium cum dignitate* , si ardemment désiré
par tout le monde.

On voudrait confondre les hommes dans un sentiment
de fraternité poussé jusqu'à ses plus extrêmes limites ,
effacer le *moi* enfin, et noyer l'individu dans la masse :
mais l'individualité de l'homme se révoltera toujours
contre ces prétentions hors de sa nature , elle discer-
nera toujours au fond de son cœur ce *moi* et cette tendresse qui a besoin d'aliment dans la famille , dans les
amis , et ne peut se reporter au même degré sur tout
le monde ; ce *moi* et cette tendresse se produiront par
des actes : le travail au profit des siens, le travail aussi
au profit de son propre bien-être. Qu'on ne cite pas
les communautés religieuses , ni les républiques grec-
ques.— Ces alliances exceptionnelles et transitoires ont
toujours été dominées par un sentiment surhumain ,
et faites entre des hommes surexcités par de nobles
pensées de sacrifice ; mais le sacrifice continuel n'est
pas naturel à l'homme, sa faible nature ne le comporte
pas. Il est douteux que les promoteurs des doctrines
sociales modernes en fussent toujours capables eux-
mêmes, hormis ceux qui, pareils à des illuminés, semblent s'être voués à un apostolat perpétuel.

Le mal social qui nous dévore, c'est l'accumulation
inconsidérée des populations industrielles sur certains
points du sol , dans l'exercice de travaux qui peuvent
être subitement arrêtés par une crise politique ou com-
merciale.

Ces travaux attirent les travailleurs au détriment de
la culture , nous en avons dit les causes ; et puis un
jour les débouchés viennent à manquer , les faillites se

déclarent et privent des milliers de bras du travail nourricier. Les victimes imprudentes de ces entraînements de l'industrie se retournent alors furieuses contre la société tout entière, en lui criant : Pourquoi nous refuses-tu l'ouvrage et le pain, à nous qui sommes tes enfants ? En vain le bon sens avait dit souvent à leur oreille : Il ne faut à telle industrie que mille bras et vous lui en avez consacré dix mille ; à telle autre il n'en fallait que dix mille, et cent mille se sont jetés sur elle. Mais voyez la culture, elle vous appelle avec instances, elle ne vous refusera jamais le pain de vos familles ; plus on la pratique et plus elle rend. Ont-ils écouté ces sages conseils ? Non. Les habitudes des villes étaient prises, les travaux des champs trop pénibles, trop peu productifs, trop peu *honorés* surtout ; l'ouvrier s'en est détourné dédain : et aujourd'hui que le lait manque aux mamelles qui le nourrissaient, des furieux le poussent à mordre le sein de sa mère, au lieu d'en appeler à un courageux et productif travail pour dompter la crise sociale qui nous tient suspendus sur l'abîme.

T. L., propriétaire-cultivateur.

Poitiers, imprimerie de Henri Oudin.

29

www.ingramcontent.com/pod-product-compliance
Lightning Source LLC
Chambersburg PA
CBHW070821210326
41520CB00011B/2051